古风

编著 木口子

黏土手办制作技法教程

人民邮电出版社

北京

图书在版编目（CIP）数据

古风黏土手办制作技法教程 / 木口子编著. -- 北京：
人民邮电出版社，2020.4
ISBN 978-7-115-52185-9

Ⅰ. ①古… Ⅱ. ①木… Ⅲ. ①粘土－手工艺品－制作
－教材 Ⅳ. ①TS973.5

中国版本图书馆CIP数据核字(2019)第226689号

内 容 提 要

相信很多人都想学习如何用黏土做出喜欢的人物手办。随着古风人物越来越受欢迎，大家对古风手办也充满了热情。那么，黏土古风手办制作到底有哪些特别的要点？哪些基础技法是需要重点掌握的？有没有一些可以体现古风特色的小技巧？这本书都将为你一一介绍。

本书最开始介绍了制作黏土手办的材料和工具。接下来是六章的教程讲解。第一章是基础技法讲解，介绍了古风手办人物的常见比例，并讲解了肤色、头部、面孔、身体等重点方面的基础制作方法，为读者做出后面的案例作品打好基础。第二章至第六章，作者精心设计了 5 个典型的古风人物——Q版女孩、Q版男孩、正比半身人物、正比平面人物以及正比立体人物，从易到难，讲解了各类古风人物的制作过程及重点、难点，每个案例还配有简单的古风道具和场景，读者在完成书中作品的同时，可以将技法融会贯通，早日开启自己的创作之路。另外，每个案例都配有教学视频，帮助大家更直观全面地理解制作过程。

本书适合喜欢古风人物的黏土手工新人阅读，可以从零起步，逐步进阶；也适合有一定手办制作经验的小伙伴阅读，可以精进技法，做出更完美的作品。

◆ 编　著　木口子
　　责任编辑　王雅倩　陈　晨
　　责任印制　陈　犇

　　人民邮电出版社出版发行　　北京市丰台区成寿寺路 11 号
　　邮编　100164　电子邮件　315@ptpress.com.cn
　　网址　http://www.ptpress.com.cn
　　北京捷迅佳彩印刷有限公司印刷

◆ 开本：700×1000　1/16
　　印张：9　　　　　　　　　　　2020 年 4 月第 1 版
　　字数：230 千字　　　　　　2024 年 10 月北京第 14 次印刷

定价：59.80 元

读者服务热线：(010)81055296　印装质量热线：(010)81055316
反盗版热线：(010)81055315
广告经营许可证：京东市监广登字 20170147 号

前言

　　小时候很喜欢看动漫，也喜欢把里面漂亮的人物画出来！

　　一次偶然的机会我接触到了超轻黏土。这种看似只是小孩玩的东西，可塑性却非常强，可以做出各种小萌物、漂亮的花植、各式装饰品、可爱的甜点等，还可以用它制作出可以媲美手办的大神级作品。于是，对黏土就有种相见恨晚的感觉，从此不可自拔！也因此认识了不少有着共同爱好的小伙伴，大家一起分享作品和经验，使生活增添了不少乐趣！

　　玩黏土不知不觉已经有三个年头了。从一开始的无从下手到黏土可以在自己手上变幻出随心所欲的形状，这是一个充满乐趣与挑战的过程。本着边学边做边写的心态，我认真编写了本书，与大家分享黏土带给我的乐趣，同时希望这本书能使大家的手艺更上一层楼！

木口子

2019 年秋

目录

制作手办之前

准备黏土

超轻黏土

超轻黏土又称超轻土，其质地轻盈、捏塑舒适、可自然风干，在黏土手办的制作中最为常用。选购超轻土时一要闻、二要捏，闻起来没有刺鼻异味，揉捏后不粘手的黏土便可选择购买。

树脂黏土

树脂黏土比超轻黏土重，且表面有光泽，将树脂黏土擀薄后有透明感，在古风黏土手办的制作中常用于服饰、首饰等装饰品的制作。

准备工具及其他材料

黏土塑形工具

因为黏土手办制作细节比较多，很多地方需要精细制作，所以黏土塑形工具是必不可少的。下面介绍一些常用的黏土塑形工具，大家在手办制作的过程中会逐渐领会使用要领，最终选定最适合自己的工具。

压泥板
用于将黏土搓成各种所需形状。

圆杆
用于擀开黏土，将黏土擀成薄片。

长刀片
用于切割黏土薄片将黏土切成长条、圆弧形等形状。

大剪刀
用于修剪黏土，主要是修剪大的黏土形。

小剪刀
用于修剪黏土。

抹刀
用于抹平不光滑的黏土表面，使黏土表面光滑。也可用于在黏土表面划出划痕。

丸棒
多用于压制出圆形凹槽。

小丸棒
可在黏土表面压出圆形小凹陷，常用于制作花纹。

小刀
刻画细小的黏土外形。

尖头镊子
夹住黏土向外扯，在黏土表面制作肌理。

刀形木质工具
压制花纹，辅助黏土之间的黏合，使黏合处的接缝整齐、细小。

针形木质工具
用于塑形或者压制衣褶。

细节针
用于压制细小的衣褶或纹理。

棒针
制作服饰褶皱以及关节处的起伏。

花边剪
用于修剪出波浪纹花边，制作服装的蕾丝花边装饰。

亚克力面塑工具
制作脸型时压出脸部起伏。

硅胶软头笔
用于压制脸部结构，如嘴角、鼻子等。

小花硅胶模具
用于压制花型黏土薄片。

正圆钢圈
用于切出圆形薄片，可选择圆形的大小。

泡沫球
用于辅助制作圆形或者压制圆弧形薄片。

压花器
用于压制花型薄片。

荷叶硅胶模具
用于压制荷叶薄片。

水笔
在黏土表面刷一层薄水，使黏土与黏土黏合。

牙签
用于黏土部件之间的连接，如双腿与躯干，脖子与头部的连接。

铁丝
用于黏土的连接或者固定。

白乳胶
用于黏合黏土或其他材料。

401胶水
用于固定黏土。

开眼刀
用于眼睛、嘴巴等制作，以及一些细节部位的抹平切割。

黏土制作辅助工具及材料

尺子
测量物体长度。

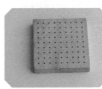
木质插板
用牙签或铁丝将捏好形状的黏土插入圆孔中，将黏土晾干。

圆形亚克力板
用于盛放黏土。

喷水壶
用于在干燥的黏土表面喷水，使黏土湿润。

木块底座
作为黏土手办的底座。

电钻
用于将底座钻出圆形凹洞。

小钳子
用于剪铁丝、铝丝等物体。

纸胶带
用于固定、缠绕物品。

弯头镊子
用于夹住细小的东西与黏土手办黏合。

脱模膏
在黏土表面涂抹一层脱模膏，有利于保持塑形。

银色铝线
用于制作花蕊。

金色铝线
用于制作首饰。

淡蓝色米珠
用于制作花蕊或
首饰。

绿色草粉
用于在黏土表面制
作出草地效果。

蓝色闪粉
滴胶之前在容器底
层铺上蓝色闪粉，
滴胶之后会有闪闪
发亮的效果。

黏土上色工具及材料

手办人物的面部妆容和一些服装、配饰的细节图案都是需要绘制的。接下来我们介绍一
些常用于黏土上色的工具和颜料。

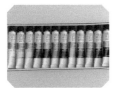

丙烯颜料
用于画人物眼睛、
嘴巴或服饰花纹。

眼影盘
用于给黏土表面刷
一层颜色，常用于黏
土手办的面部妆容。

银色丙烯颜料
用于黏土表面的上
色，在干燥后的黏
土上画上银色，塑
造银制质感。

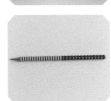

铅笔
用于图案线稿的
起形。

橡皮
用于擦除铅笔线稿。

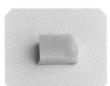

纸巾
用于黏土的定型。

中号勾线笔
用于图案的上色。

小号勾线笔
用于勾画图案线稿。

第一章

古风黏土手办制作基础

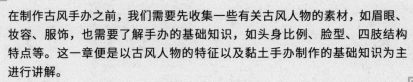

在制作古风手办之前，我们需要先收集一些有关古风人物的素材，如眉眼、妆容、服饰，也需要了解手办的基础知识，如头身比例、脸型、四肢结构特点等。这一章便是以古风人物的特征以及黏土手办制作的基础知识为主进行讲解。

在手办人物中，通常用 2 头身到 3 头身的比例来表现 Q 版人物，这样的人物多为可爱、圆润型。7 头身到 8 头身的比例是正比人物，是按照正常人物形象去设定的，整体比例与形象更符合现实人物，多用于制作成年人物。

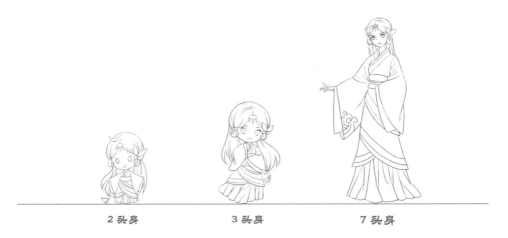

2 头身   3 头身   7 头身

1.1.1 Q 版人物

Q 版是一种将人物比例夸张的形式，其特征是头大、身小、脸型圆润、眼睛夸大，这样的设计使人物变得可爱、软萌。

以下两个手办分别是 2 头身、3 头身的比例。女孩为 2 头身，制作时注意头长与身长的比例为 1:1；男孩为 3 头身，制作时控制头、躯干、双腿的比例为 1:1:1。

1.1.2 正比人物

正比人物的比例和形象能更好地还原出现实人物，也正是因为它的还原度高，制作难度也相应提高。

制作正比人物时以头长为依据，躯干 2 ～ 2.5 个头长，双腿是 3.5 ～ 4 个头长一般女孩整体是 7 头身，男孩整体是 8 头身。确定头身比例的同时也需要注意肩宽，女孩的肩宽为 1.5 个头宽，男孩的肩宽为 2 个头宽。

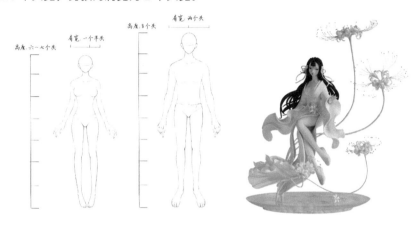

1.2 古风黏土手办常见人物肤色制作

1.2.1 古风人物肤色特点

在描写女子肌肤时，文人墨客常以肌肤如雪、肤如凝脂、冰肌玉骨、粉妆玉砌来形容。这些词汇都是讲肌肤白皙、光滑，如白玉砌成，如雪光一般白净。

依据文人墨客对女子肤色的描述，制作古风手办人物时一般会尽量将肤色调白一些或者红润一些，配色时需加大白色和红色黏土的比例，使肤色更加白皙红润。

1.2.2 古风黏土手办常见肤色混色方案

肤色是用红色、黄色和白色黏土混色而成，在这个混色方案基础上修改不同颜色黏土的比例，混色出来的肤色会有不同的效果。在需要修改肤色的深浅时，我们可以通过加白色或加黑色、棕色黏土来调整肤色的深浅。添加白色黏土越多肤色越浅，添加黑色或棕色黏土后肤色会变深。

基础配色

黄　　　红　　　白　　　　肤色

微调配色

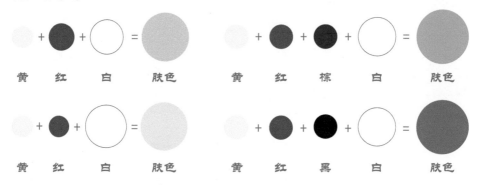

黄　红　白　　肤色　　　　黄　红　棕　白　　肤色

黄　红　白　　肤色　　　　黄　红　黑　白　　肤色

1.3 古风黏土手办头部制作基础

1.3.1 古风黏土手办脸型特点

古风手办人物的脸型与二次元动漫风人物的脸型最大的区别在于五官的制作。动漫风的手办人物脸型强调眼眶、鼻头便可，而古风手办人物需将眉眼、鼻子、嘴巴清晰地制作出来，眉眼深邃、鼻梁高挺、嘴巴结构清晰。

常规脸
脸型小巧，将人物的脸部特征高度还原。常规脸型实用性强，正比古风手办人物都可用这种脸型。

成熟脸
脸型瘦长，在高度还原人物脸部特征时，会将鼻梁提高，鼻子细节制作出来，嘴角不可以上提，使其面部严肃。

可爱脸
脸型圆润并且稍微短一些，脸颊保留婴儿肥，鼻子小巧一些，嘴型制作成嘟嘟嘴。

包子脸

脸型圆润犹如包子一样饱满,其两腮总是肉嘟嘟的,给人十分可爱的感觉。

包子脸给人留下年幼、可爱、萌的感官效果,所以这种脸型适合制作 Q 版人物、萝莉等人设时使用。

捏制这种脸型时需要注意两腮圆润饱满,下巴平整。

Q 版脸

Q 版脸与包子脸相似,只需注意以下区别:包子脸下巴平滑圆润,Q 版脸下巴尖;包子脸眼窝为一道凹槽,Q 版脸眼窝以鼻梁为中心两侧对称;包子脸没有鼻子,Q 版脸有鼻子。

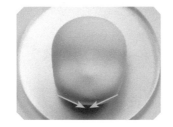 

1.3.2 古风黏土手办常见脸型制作

制作脸型之前我们必须先准备好以下工具

抹刀,用于脸型制作的嘴巴塑形。

亚克力面塑工具,用于制作脸部肌肉起伏。

针形木质工具,压制脸部眼窝、鼻子等五官。

硅胶软头笔,压制嘴巴、鼻子细节。

开眼刀,制作人物嘴巴。

小丸棒,压出嘴角、人中。

细节针,压制嘴唇细节。

圆形亚克力板,盛放黏土,方便塑造脸型。

常规脸

 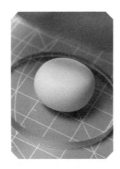  

01 准备适量肤色黏土揉成球体,轻轻压扁后捏出脸的轮廓。

02 用针形木质工具压制出下巴，用手从下巴将黏土往上提。

03 用针形木质工具在脸部三分之二处压出凹槽，再压出眼窝。

04 用针形木质工具从脸颊两侧往中间推出鼻子，再用亚克力面塑工具压出鼻底。

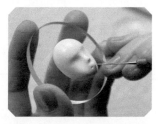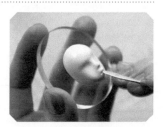

05 用硅胶软头笔定出嘴巴的宽度，再用抹刀开出嘴巴。

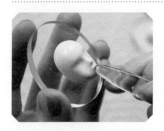

06 用亚克力面塑工具塑出上唇，再压出下唇凹槽。

07 用细节针和小丸棒轻轻调整唇形，再压出人中，捏好的脸晾干需要一天时间。

成熟脸型

01 准备适量肤色黏土揉成球体，轻轻压扁后捏出脸的轮廓，用针形木质工具在脸部三分之二处压出凹槽。

  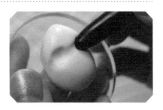

02 用手调整凹槽边缘处，然后在凹槽处再压住眼窝。

03 用针形木质工具从脸颊两侧往中间推出鼻子，用手指将凹槽边缘进行调整，使之自然过渡。

17

04 如果认为鼻子不够挺拔，可以用双手捏住鼻子向上提，动作一定要轻。

05 用硅胶软头笔定出嘴巴的宽度。

06 用抹刀开出嘴巴，开嘴巴需从嘴角向唇珠方向斜着压线。

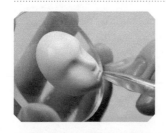 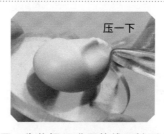 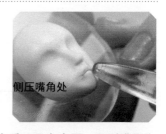

07 用亚克力面塑工具塑出上唇。先依据开嘴唇的线用针形木质工具向内压，再到嘴唇上边两侧斜压一下，工具顶端置于嘴角向上提，塑造出嘴角。

08 用亚克力面塑工具压出下唇凹槽，然后取针形木质工具加深一下嘴角处。

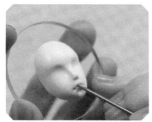

09 用细节针轻轻压出上唇唇珠，形成一个 m 形。

10 用小丸棒笔压出人中，再用硅胶软头笔压出鼻孔。

可爱脸型

01 先制作一张稍短、略胖的脸型轮廓，用针形木质工具在脸部三分之二处压出凹槽，再压住眼窝。

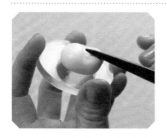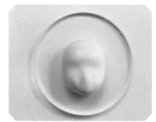

02 用针形木质工具从脸颊两侧往中间推出鼻子。

 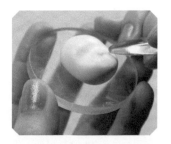 

03 用亚克力面塑工具推出鼻子。先确定鼻底位置，用亚克力面塑工具向上推，再到鼻翼两侧用亚克力面塑工具轻轻下压，使鼻头挺拔出来。

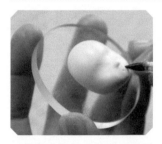  

04 用硅胶软头笔定出嘴巴的宽度，再用抹刀由嘴角向唇珠斜上方向压出嘴巴，唇珠用细节针压出。

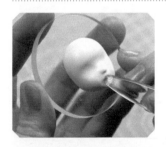 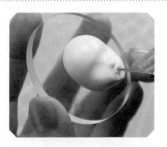 

05 用亚克力面塑工具在开唇线处将黏土轻轻上推，塑出上唇，再压出下唇凹槽，中间用开眼刀轻轻把嘴缝压开。

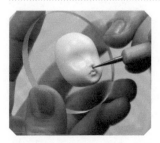  

06 用小丸棒压出人中，再用针形木质工具轻压嘴角处，用双手将下巴稍稍向上推。

07 用亚克力面塑工具和小丸棒微微调整唇形，修饰出嘟嘟嘴。

包子脸

01 取适量肤色黏土揉均匀后，用手轻轻压在圆形亚克力板上。用手指压出脸颊部分，看看整体效果。

02 用针形木质工具在脸部三分之二处压出一道凹槽。脸颊侧面也要压上凹痕。

03 用大拇指将凹槽的边缘处稍稍抹平，将生硬的地方自然过渡。

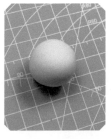   

01 取一小块肤色黏土揉成球体，然后放在圆形亚克力板上轻轻压扁，用手把脸颊压出来。用针形木质工具推出下颌部分，再用手指调整脸型。

02 用针形木质工具在脸部三分之二处压出一道凹槽。再用小丸棒压出眼睛的凹槽，不要压得过深。

03 用手将黏土表面生硬的地方稍稍抹平，自然过渡。

 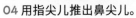  

04 用指尖儿推出鼻尖儿。

1.3.3 古风人物妆容特点

古风眉眼

古风眉眼倾向于写实，线条处理简洁大气。女子眉梢、眼角蕴藏着秀气，男子眉宇间透着英气，在绘制古风女子和男子时可在眉毛和眼型上进行区分。

古风女子眉眼

古风男子眉眼

古风唇妆

唇妆主要体现在古风女子的制作中，古风唇妆的颜色需要正红，唇妆的种类也比较多样，绘制时可依据人物属性选择适合的唇妆。

1.3.4 古风人物发型特点

古时男子、女子都留长发，幼时发型简单，名为总角，成年之后名为及笄或及冠。

女子束发

男子束发

1.4 古风黏土手办身体制作基础

1.4.1 古风服装特点

古风服饰需注意衣襟的制作，汉服衣襟为左襟、对襟。汉服的主要款式有曲裾、袄裙、襦裙，制作古风黏土手办时可依据这些款式进行创作。

女子古风服饰

男子古风服饰

1.4.2 人物常见动态展示

制作手办人物前都需提前设计好人物造型及动态，常见动态有立、坐、卧、跪。

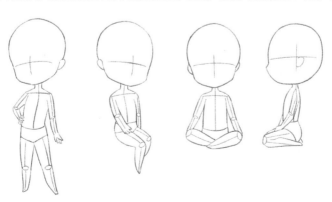

1.4.3 古风黏土手办四肢制作基础

· 手的基础制作及细节处理

手的外形

01 基础形为由粗到细的长条，再将细端压平。压平端为手指区，先不做拇指。用小剪刀剪出手指之后，再将指尖搓细些。

手背细节

02 手背处可见手指的骨关节，先在手背压出骨关节位置。再用棒针由指缝向手背处下压，制作出骨关节的外形。

手掌细节

03 手掌应向内凹陷，用棒针、小丸棒等圆形工具下压凹槽。手腕处细小，用棒针工具在手腕处向内压。

04 手腕至手臂由细到粗。手掌与手腕的连接处需压痕分开。

手指动作

05 大拇指最后粘贴，手指的动作最后捏制。

· 脚与腿部的基础制作及细节处理

脚的形状

01 搓长条时需由粗到细渐变，在细的那一端确定脚的长短。用手指捏出脚掌中心，分出脚跟、脚窝、脚趾三部分。再捏一下脚趾区，这样脚底板的起伏就做出来了。

02 脚趾外形需向内收，用手指将尖端向内捏。脚踝处搓细一些。

腿型与膝盖细节

03 小腿的形状由脚踝至小腿肚渐变粗，由小角肚至膝盖窝渐变细。膝盖窝需向下压平。膝盖是方形，用手指捏住左右两侧，再用另一只手的食指压住膝盖下方向上推。

04 膝盖窝左右两侧对称有
个窝窝，可用针形木质工
具在两侧对称下压凹槽。

脚踝细节

05 脚踝处的踝骨向外凸，先用针形木质工具在脚踝外侧后方压痕，再将针形木质工具移至前方下压，压出踝骨的凸出结构。

第二章
月与灯依旧

月与灯依旧

宋·欧阳修

去年元夜时，花市灯如昼。

月上柳梢头，人约黄昏后。

今年元夜时，月与灯依旧。

不见去年人，泪湿春衫袖。

配色方案

白色　　　　土黄　　　　大红　　　　棕色　　　　黑色

制作重点

人物制作要点：掌握2头身Q版人物比例；注意根据人物特点设计脸型、绘制五官。
古风元素的应用：双丫髻发型；简单古风元素服饰；古风道具宫灯；中国鼓；梅花元素；常见古风宫墙红配色。

所用工具与材料

黏土塑形及辅助工具与材料：

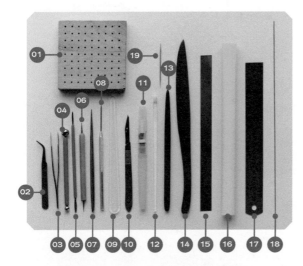

01 木质插板	11 水笔
02 弯头镊子	12 硅胶软头笔
03 尖头镊子	13 针形木质工具
04 丸棒	14 刀形木质工具
05 抹刀	15 长刀片
06 小丸棒	16 圆杆
07 棒针	17 尺子
08 细节针	18 铁丝
09 亚克力面塑工具	19 牙签
10 小刀	

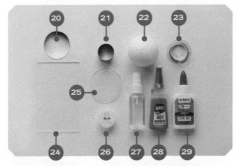

20 正圆钢圈	23 金色铝线
21 小正圆钢圈	24 压泥板
22 泡沫球	25 圆形亚克力板

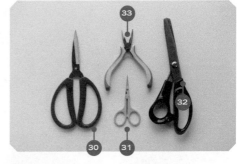

26 脱模膏	30 大剪刀
27 喷水壶	31 小剪刀
28 401胶水	32 花边剪
29 白乳胶	33 小钳子

上色工具与材料：

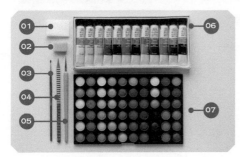

01 纸巾	04 铅笔	06 丙烯颜料
02 橡皮	05 小号勾线笔	07 眼影盘
03 中号勾线笔		

2.1 制作配件：灯笼

灯笼是古风作品中的常见意象。它总能引我们遐想到正月十五元宵节的浪漫灯会。那句"众里寻他千百度。蓦然回首，那人却在，灯火阑珊处。"是否让你看见了元宵灯会上的才子与佳人。

梅花图案详解：

我们在灯笼上可以随意增加图案。这次教会大家较常见的梅花图案绘制。梅花图案可分枝干和花朵两个部分来绘制，绘制枝干和花朵分别需注意以下事项：

枝干

1. 枝干分主枝与分枝，主枝需比分枝粗。

2. 枝干都是由根部向末端逐渐变细，勾画的时候从根部下笔，下笔时将笔头下压画出粗线，渐渐向末端提笔，使线条变细。

梅花

1. 梅花由五瓣圆形花瓣组成，花瓣以中心为原点呈圆形分布。

2. 枝头的梅花有盛开的花朵和未开的花苞。

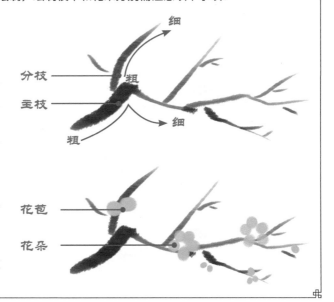

· 制作灯笼体

01 取红色黏土揉圆，先用铅笔勾画一下梅花枝干的走势，再用中号勾线笔蘸棕色丙烯颜料依据铅笔稿勾画梅花枝干，注意枝干的粗细变化。

02 待枝干的颜色干燥后，用干净的中号勾线笔蘸白色丙烯颜料以点的形式绘制梅花，五个圆点组成盛开的梅花，一个圆点或者紧挨着的两个圆点为花苞。

· 制作灯笼穗

03 取金色黏土揉成圆体置于灯笼体顶端，用圆杆或者丸棒将金色黏土中间下压出一个圆形凹槽。

04 相同的方法做出灯笼体底端的金色圆形凹槽，底端的凹槽比顶端的要稍微小一些。

05 取金色黏土搓成水滴形，用小刀压出几条痕迹，再用小剪刀依据痕迹将其剪成几股，灯笼的穗子外形就制作完成了。

06 将穗子用白乳胶粘在灯笼低端圆形凹槽中，可用手将穗子稍微弯曲，使其有飘动感。

· 制作灯笼手提

   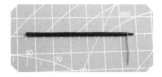

07 准备牙签和金色铝线，用棕色丙烯颜料将牙签涂成棕色。等牙签晾干，用小钳子将金色铝线绕在牙签尖端。

08 将金色铝线固定在灯笼顶端凹槽中间。

09 用棕色黏土揉一个小球体固定在牙签尖端，再用细节针压出圆点痕迹，一个梅花灯笼就制作完成了。

2.2 制作配件：鼓

　　鼓是一种打击乐器，多为圆筒形或者扁圆形。中间镂空，在镂空的鼓身一面或两面蒙上一层拉紧的皮革，再以手或者鼓杵敲击出声。

　　鼓是我国的传统乐器，古风作品中的常见意象。

· 制作鼓身

01 取泡沫球，并在其表面均匀地涂抹一层白乳胶。

02 取红色黏土多次揉搓，挤出黏土中的气泡，将红色黏土包裹在泡沫球表面，并用压泥板将黏土揉光滑。最后稍微将压泥板向下压，使圆形黏土上下两端有一个小平面。

· 制作鼓皮

03 取金色黏土揉成两个相同大小的球体，将一个球体置于红色圆球之上。

04 用压泥板将金色球体黏土向下压扁，使其均匀包裹于红色圆形黏土顶端。

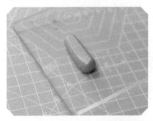 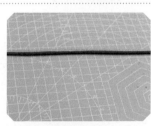

05 继续用金色黏土搓一条细长条。

06 将金色长条围绕鼓身顶端金色薄片缠绕一圈，这样鼓身一端蒙上一层皮革的效果就呈现出来了。

铆钉花纹平面图：

　　为了将皮革绷紧在鼓身上，一般用铆钉固定皮革，铆钉花纹是以圆形组合而成，那我们用黏土制作铆钉花纹需要如何做呢？

　　左图为铆钉花纹的平面图，其中侧面皮革上的大圆与小圆上下错位排列，大圆之间以竖线压痕间隔，顶端以圆形压痕区分顶面与侧面皮革。

细节针　正圆钢圈　丸棒　小丸棒

07 取丸棒工具在鼓身顶端外围的金色长条上压痕，压痕间隔一小段距离。

08 用细节针工具在圆形压痕之间向内压竖痕。

09 在圆形压痕上面的间隙间用小丸棒工具压小圆点。

10 用正圆钢圈在顶端黏土上轻轻压一个圆形痕迹，做出鼓身的镂空厚度。

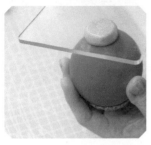  

11 同样的方法在鼓身底部制作一个底座，先将金色圆形黏土置于底部，再用压泥板压平。

咚咚

12 用第 7 至 10 步的方法，制作出底座的铆钉效果。

· **制作梅花纹**

13 取棕色黏土搓成长条水滴形做成梅花枝干，用水笔在鼓身上画出梅花枝干的外形。

14 将长条水滴形依据绘制好的水痕进行粘贴，在转弯处将黏土捏一下使其看上去更有棱角。再搓几条细的长条作为梅花枝干的分支粘在相应位置。

15 将白色黏土加入少量红色黏土揉成粉色黏土，取少量黏土揉成小球体再压扁，用抹刀工具粘住黏土一端贴于枝头，粘贴时下压抹刀使黏土粘牢并制作出花瓣的纹理。

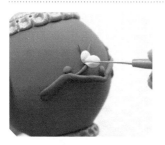

16 继续粘贴花瓣。梅花的五片花瓣以顺时针方向一片叠加一片围成圆形。

17 最后用中号勾线笔蘸红色眼影将花瓣中间位置上色，制作出红梅的效果，梅花鼓的制作就完成了。

2.3 制作 Q 版女孩：宫灯少女

宫灯少女整体是呈现喜庆的视觉效果，配色是宫墙红，元素是灯笼与鼓，烘托出了节日或庆礼的气氛。为配合整体效果，人物的形象设定为未行笄礼的女孩。

女孩形象特征为婴儿肥的包子脸、可爱的双丫髻、俏皮可爱的红色裙装，裙装上加上梅花元素的点缀与梅花灯和梅花鼓互相呼应。

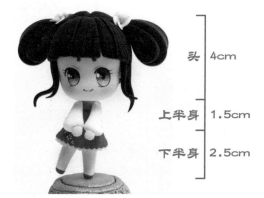

头 4cm

上半身 1.5cm

下半身 2.5cm

· 绘制五官（宫灯少女是包子脸，制作方法见 21 页）

01 待黏土干燥后在脸部用铅笔轻轻画上草稿。

02 拿小号勾线笔用熟赭色的丙烯颜料轻勾出眼睛和嘴巴的线条轮廓。

03 用土黄色丙烯颜料在眼眶内浅浅涂一层。

04 用土黄色丙烯颜料再加深一层，顶部颜色深，底部颜色浅，使眼珠产生一种渐变效果。

05 使用渐变的上色方法用熟赭色的丙烯颜料将眼睛颜色加深一层。

06 用熟赭色的丙烯颜料画出瞳孔。

07 用黑色的丙烯颜料加深眼睛上半部分的颜色。

08 用白色丙烯颜料将眼白区域涂上浅浅的一层。

09 用大红色丙烯颜料将嘴巴涂上口红。

10 用白色丙烯颜料点上眼睛的高光和眼眶里的小花朵，再用大红色丙烯颜料在眼睛上方点出两个小蛾眉。

11 拿中号勾线笔点上一些眼影粉轻轻在脸颊和眼睛上方涂上腮红和眼影。

12 用白色丙烯将脸颊处点上高光。

五官绘制注意要点：

绘制女孩的五官时需考虑是否符合古风风格，与女孩童颜的气质是否匹配。

笔者绘制五官时重点突出眼睛，眼睛大且圆，上色采用由上至下，由浅到深的渐变上色，并搭配极具唐风妆容的蛾眉。最后在眼睛上画上梅花纹与整个作品相呼应。

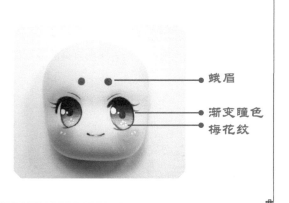

蛾眉

渐变瞳色
梅花纹

· 制作耳朵

13 取适量黑色的黏土揉成半圆与脸部黏合，用手压黑色黏土边缘部分让其和脸部贴合。

14 取两小块同等大小的肤色黏土，揉圆压扁捏成如图形状，粘在脸颊两侧，再用小丸棒压出耳朵的凹槽。

15 用硅胶软头笔在凹槽的上方压出耳朵的外耳郭。

· 制作双腿

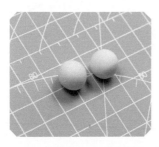  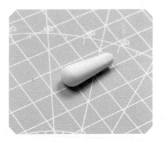

16 取两块同等大小的肤色黏土，用压泥板来回搓动，搓出由粗到细渐变长条。

17 用针形木质工具将长条的细端底部压平做脚底板，再由脚部两侧向前推出脚尖部分。

18 再用针形木质工具在大腿部分压出一个斜坡，一条腿就制作完成了。用相同方法制作另一条腿。

19 用适量的咖啡色黏土揉出球体粘在两腿的中间，作为小内裤。

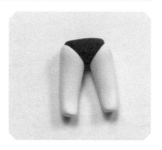

20 再用针形木质工具将小内裤顶部压平，两条腿就制作完成了。

· 制作躯干

21 取少量肤色黏土，先揉均匀然后揉成球体。用拇指和食指捏住球体左右两侧，再用另一只手的食指和拇指捏制上下两侧，手指轻轻向内挤压出躯干的基础形。

22 用针形木质工具将躯干底部压平，并将上半部分推出脖子的形状。

23 把上身和下身黏合在一起。

· 制作裙子

24 取适量红色黏土用圆杆擀出薄片，再用正圆钢圈压出圆形。

25 用手将圆形轻轻对折，找出圆形的中间点。依据中间点用长刀片裁剪出正圆的四分之一部分。

26 用小正圆钢圈在中间压出半圆缺口。

27 再用花边剪沿着圆圈的边缘剪一圈。

28 用刀形木质工具平均压出裙子的皱褶。

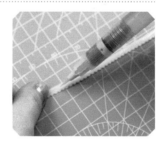

29 取白色黏土擀出小薄条之后切下一条方形长条，用花边剪剪出一条花边，用水笔在花边上涂抹一层清水。

30 将白色花边轻轻地沿着裙子的外围粘在底部里面。

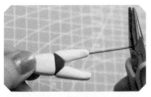

31 用铁丝轻轻地从腿部插到还未完全干的身子上充当骨架，再将红色的小裙子围在身子上，用大剪刀在后面减掉裙子多余的部分。

32 取一小块白色的小花边粘在领口处，用大剪刀在后面减掉小花边多余的部分。

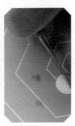

33 取五小块白色的黏土揉成球体并擀成薄片，用抹刀粘住圆形薄片依次粘在身后做成花的形状。

34 再用干燥的中号勾线笔蘸红色的眼影，将眼影由花心向外进行涂抹。

35 拿小号勾线笔蘸红色的丙烯颜料，在小腿上画上鞋子。用白色的丙烯颜料在裙子的左下方点上几朵小花。

· **制作双手**

36 取两块同等大小的白色黏土，将压泥板倾斜 20 度来回搓出一个圆锥体，再轻轻下压。

37 用针形木质工具压出袖口的凹痕，再用细节针工具由内向外旋转压出袖子的皱褶。

38 用小丸棒在袖口处压出凹槽。

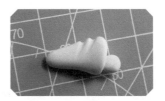

39 取两块同等大小的肤色黏土，先揉一个胖水滴形再压扁，将压扁的胖水滴粘在袖口的凹槽处做小手。

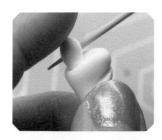  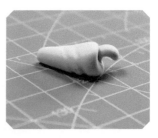

40 取一根牙签，将牙签放在手掌处，把手掌压住制作出一个弧度。

41 用抹刀工具压出小手指的痕迹，再将做好的双手粘到肩膀两侧，做出双手置于前方的动作。

· 制作双丫髻

制作刘海的发片时需区分中间发片与两侧发片的大小，一般我们会将中间发片做得宽大一些，两侧细长一些。

42 取黑色黏土揉成半圆粘在脸部后方作为后脑勺，用细节针压出中分的痕迹，并用针形木质工具压出发髻的位置。

43 用细节针沿发髻的方向压出头发的纹理，再用抹刀工具加强一下纹理。

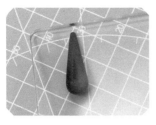  

44 取适量黑色黏土用压泥板搓出水滴形，轻轻压扁，然后放在泡沫球上压出弯度。

45 用大剪刀将水滴形下半部分剪平，再用刀形木质工具压出头发的纹理。这片头发是中间的刘海，必须要有弧度。

46 取小块黑色黏土用压泥板搓出水滴形，轻轻压扁。用剪刀将水滴形下半段剪平且平均剪开，用刀形木质工具压出头发纹理。

47 将第44步中做好的大片刘海粘到额头中间，与后脑勺的头发进行衔接。

48 用以上方法依次粘贴剩余刘海，注意刘海向两侧逐渐变小。

49 取少量黑色黏土搓成长梭形并压扁，用刀形木质工具压出头发纹理。

50 将长梭形发片粘在齐刘海两侧，用手指将发尾捏出弧度。

51 用铁丝将头部与身体连接。

52 取适量黑色黏土搓成长梭形并压扁，用长刀片将薄片分成三份。

53 用长刀片将黏土表面压出头发纹理，将头发对折叠起来。

54 将三个对折的薄片组合起来，摆出发髻形状。

55 把组合好的头髻粘在之前定好的凹槽处。

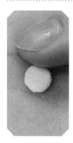

56 取五小块白色的黏土擀成圆形薄片，用抹刀工具依次粘在头髻接缝处，做出一个梅花头饰。

57 再用干燥的中号勾线笔蘸一点红色的眼影给梅花上色，涂抹时由花心向外渐变浅色。

58 把定型后的人偶插在鼓上，再将灯笼粘在人偶手上。

第三章
少年游

陇头吟

唐·王维

长安少年游侠客，夜上戍楼看太白。

陇头明月迥临关，陇上行人夜吹笛。

关西老将不胜愁，驻马听之双泪流。

身经大小百余战，麾下偏裨万户侯。

苏武才为典属国，节旄落尽海西头。

配色方案

白色	红棕色	黑色

<table>
<tr><td>制作重点</td><td>人物制作要点：掌握3头身Q版人物比例；注意男孩五官的绘制。
古风元素的应用：侠士服饰；古风男子发型；古风常见场景山石；古风常见配饰玉笛。</td></tr>
</table>

所用工具与材料

黏土塑形及辅助工具与材料：

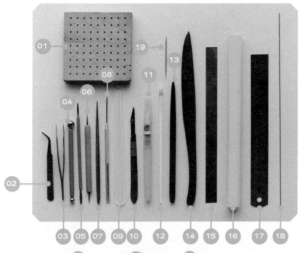

01 木质插板	11 水笔
02 弯头镊子	12 硅胶软头笔
03 尖头镊子	13 针形木质工具
04 丸棒	14 刀形木质工具
05 抹刀	15 长刀片
06 小丸棒	16 圆杆
07 棒针	17 尺子
08 细节针	18 铁丝
09 亚克力面塑工具	19 牙签
10 小刀	

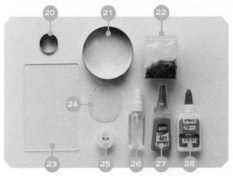

20 小正圆钢圈	23 压泥板	26 喷水壶	29 大剪刀
21 正圆钢圈	24 圆形亚克力板	27 401 胶水	30 小剪刀
22 草粉	25 脱模膏	28 白乳胶	31 小钳子

上色工具与材料：

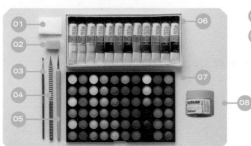

01 纸巾	03 中号勾线笔	06 丙烯颜料
02 橡皮	04 铅笔	07 眼影盘
	05 小号勾线笔	08 银色丙烯颜料

3.1 制作配件：玉笛

　　自古便有很多才子书写佳句以抒发对笛子的喜爱之情，如"谁家玉笛暗飞声，散入春风满洛城。""剸条盘作银环样，卷叶吹为玉笛声。"

用黏土表现玉质感：

为表现半透明的玉器质感，选用白色树脂黏土，并在黏土里加上少许绿色丙烯颜料，将黏土搓揉混色均匀，便是玉器的绿色。

· 制作玉笛

01 用少量树脂黏土混入少量之前做好的浅绿色黏土揉均匀，取适量混合好后的黏土用压泥板搓成长条作为笛子。再用红色黏土搓一个小长条，缠绕在笛子末端。

02 将红色长条多余的部分用大剪刀剪掉。

· 制作玉笛挂件

03 再用红色黏土搓成长条粘在笛子末端，用抹刀工具辅助压出一个蝴蝶结的形状。

04 用大剪刀，将多余的部分剪掉。

05 取一小块红色黏土，用压泥板搓成水滴形，然后用抹刀工具压出流苏的纹理。

06 用大剪刀将流苏侧面剪出一小条，摆出形状再和蝴蝶结连接。

07 用硅胶软头笔在蝴蝶结中间部位压出凹槽，再取少量金色黏土搓成小球状粘在凹槽中。

54

3.2 制作小场景：山石

山石总给人一种山中自然美景的感官效果，最适合搭建出不受约束、自由自在的场景。如韩愈所写的山水游记"当流赤足踏涧石，水声激激风吹衣。人生如此自可乐，岂必局束为人鞿？"

· 捏制山石外形

01 取适量黑色黏土，随意拿几小块，有的用手压扁，有的做成不规则的形状，大小不一，随意组合在一起。最下面一层的石头外形扁平、宽大，中间层石头变小、变厚，再加一些小方块和小椭圆。

02 用抹刀工具在石头表面随意划些划痕。

山石光滑质感的制作：

当黏土干燥后调黑色丙烯颜料在其表面着色。

丙烯黑上色

黑色丙烯颜料上色后的山石效果虽然颜色浓郁，但不够光滑。

银色、金色丙烯打高光

用银色、金色的丙烯颜料在山石表面刷一层使其有光泽。

· 添加小草

03 在石缝处涂抹些白乳胶。

04 在白乳胶干透之前，用弯头镊子夹一些草粉粘在白乳胶上。

3.3 制作 Q 版男孩：少年侠

这个角色定位是一个侠客，"侠"意指武艺高强、无私帮助弱小的人；"客"是四海为家的游历者，合起来便是武艺高强，四处助人的游历者。

在捏制这个角色时需注意他的服饰要朴素、轻便，华丽广袖长袍就不适合这个人设，作者选用的短打和斗篷。

头 3.5cm

上半身 2.5cm

下半身 4.5cm

01 黏土干透后用铅笔轻轻画上五官。

02 拿小号勾线笔用熟赭丙烯颜料勾出眼睛和嘴巴的轮廓。

03 用熟赭丙烯颜料浅浅涂一层眼珠。

04 用土黄色丙烯颜料将眼珠下半部分涂上，颜色过渡要自然些。

05 用熟赭丙烯颜料画上瞳孔。

06 用黑色丙烯颜料加深眼睛的轮廓。

07 用白色丙烯颜料将下眼珠部分轻轻涂一层。

08 用白色丙烯颜料点上眼睛的高光。

09 用干燥的中号勾线笔点上眼影在脸颊画上腮红。

侠客五官如何画：

侠客的气质需要硬朗、有英气，所以勾画他的五官时需要有棱角。眉毛可选择剑眉、刀眉、宽眉，眼型可选择上挑眼、瑞凤眼。

· 制作双腿

10 取适量黑色黏土，用压泥板搓成小长条，然后从中间对折弯曲。

11 用针形木质工具将黏土对折处压平，两侧用手指调整出裤子的形状。

12 用针形木质工具在对折处压出凹槽，做出臀部线条。

13 再用针形木质工具在裤腿部压出两个小凹槽。

14 用细节针工具压出裤子的皱褶纹理，再用抹刀工具加强一下。

正面压痕

背面压痕

背面

正面

15 用细节针工具和针形木质工具压出各个部分的裤子皱褶。

16 再用棒针将裤子侧面的
皱褶压出来。

17 取等量两块咖啡色黏土搓成球体，再用压泥板搓成一头细一头粗的条状。

18 用手指在细头那端推出脚底，再用针形木质工具将脚底压平。

19 用手指将脚踝处稍稍搓细，一只脚就制作好了。用相同方法制作另一只脚。

20 将小腿部分与裤子凹槽处粘在一起。

· 制作躯干

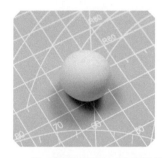  

21 取少量肤色黏土揉成球体，轻轻压扁，用手指压住左右、上下四面。

22 用针形木质工具将黏土下部分压平，并在顶端压出脖子。

23 将脖子搓细，再和下身连接在一起。

躯干与双腿的长度：

少年侠制作的是 3 头身的比例，以头长为 1 个单位。在制作双腿和躯干时需考虑剩下 2 个单位如何分配，一般双腿按照约为 1.5 个单位的长度制作，躯干约为 0.5 个单位。

· 制作衣袍

侠客行走四方，为方便出行多以短打为便服，颜色朴素，以褐色、黑色为主。

短打是汉服的一种，又称"竖褐"。它的款式以方便劳作为目的，所以是上衣下裤的设计，且上衣长度一般在臀部至膝盖间。

24 取铁丝从脚底部往上插，并留出一小段富余，然后用小钳子将多余的部分剪掉，这一步骤要在黏土半干的状态下完成。

25 取适量黑色黏土用圆杆擀成长条薄片，再用长刀片将长条切成两端整齐的长条。

26 将黑色黏土薄片左右对称披在侠客躯干上，先将左侧折到胸前，再将右侧折到胸前。

27 用大剪刀将黑色黏土多余部分剪掉，并且调整衣服形态。

28 用大剪刀将上衣衣摆修剪平整，然后从各个角度观察一下是否剪平整。

29 用棒针在腰间部位压出凹槽。

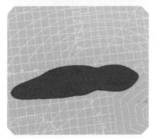 

30 取咖啡色黏土用圆杆擀成薄片，再用长刀片切出长条。

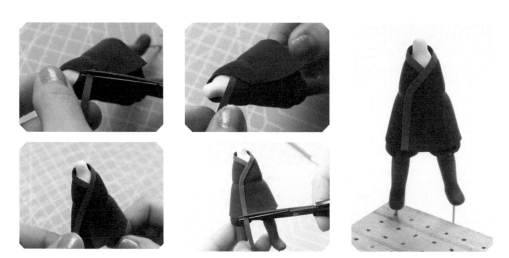

31 将切好的咖啡色长条沿着衣襟粘好，用大剪刀将长条多余部分剪掉。

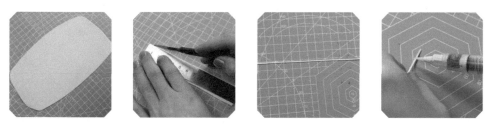

32 取白色黏土擀成薄片。用尺子作为辅助，用小刀在白色黏土片上裁出一条细白条，用水笔在其表面涂抹。

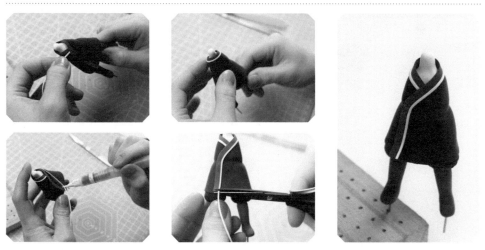

33 将细白条沿着咖啡色的边再粘上一圈，将白条多余部分用大剪刀剪掉。

34 同样用尺子辅助，再用小刀在咖啡色黏土片上裁出一细条粘在腰间，将咖啡色长条多余部分用剪刀剪掉。

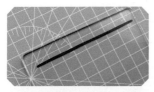
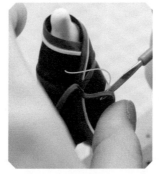

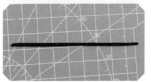

35 取咖啡色黏土用压泥板搓成细长条并压扁，将细长条粘在腰间作为飘带，用抹刀工具将飘带摆出形状，将飘带多余部分用大剪刀剪掉。

36 再取一条咖啡色细长条，用抹刀工具作为辅助将细长条粘到腰间做成蝴蝶结的形状。

37 取少量咖啡色黏土搓成球体粘在蝴蝶结中间，再用抹刀工具压出凹痕。

38 用水笔在小腿部位涂抹一层清水，粘上细白条装饰靴子与裤口的接缝。

39 取两份等量的黑色黏土，将压泥板倾斜 20 度将黏土搓成水滴状，再轻轻压扁。

40 用手捏出袖子的形状。

41 袖口处用针形木质工具压出凹痕，再将袖口捏出一个弯曲弧度。用针形木质工具压出袖摆凹痕。

42 用针形木质工具在袖口处压出凹槽。

43 用棒针由内向外转动压出袖摆的褶皱，再用针形木质工具在袖子顶端由上至下压出皱褶纹理。

外侧　　内侧

44 用细节针加强袖子各个部位的皱褶纹理。

66

45 在袖口边缘处粘上咖啡色和白色的长条作为装饰。

46 取两份等量的肤色黏土揉成球体，用压泥板倾斜 20 度将圆球一端搓细，再轻轻将一边压扁。

47 用抹刀工具在压扁的肤色黏土末端压出手指的指缝。

48 将细节针放入制作好的手掌内，再将手掌压在细节针上做出手的形态，再用细节针把手腕关节压出。

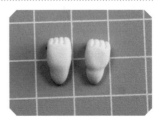

49 将手腕处黏土塑形完成后，用细节针加强一下手部的缝隙。

50 将手粘在袖口处，再用白乳胶连接手臂和躯干。

适合侠客的服装：

侠客的服饰需要朴实，服饰上不需要太多的华丽花纹或者绣花，衣袖和衣摆要尽量方便人物活动。

· 制作披风

51 将咖啡色黏土用圆杆擀成薄片，然后用正圆钢圈压出正圆形，再用小正圆钢圈在正圆边缘处压出一个圆弧缺口。

52 参照圆弧缺口，用长刀片把薄片两侧对称地切掉一小部分。

53 用手摆出披风向后飘动的动态，仔细观察披风的动态走向，确定与披风褶皱方向一致。

54 用手指在披风边缘捏出一个圆形起伏，使披风更有迎风飘动的感觉。

55 披风的后摆褶皱要大一些，注意调整披风后摆褶皱以及飘起来的弧度。

让披风飘起来的方法：

黏土在未干时其状态是软绵的，干燥后才能定型。如何使披风向后飘动却不向下塌陷呢？

第一，这一过程要轻，不能太用力，防止薄片会粘在一起。

第二，摆好形状后，可以用纸巾塞在缝隙处固定状态，等干透后就可以将纸巾拿开了。

56 取少量白色黏土搓成长条后轻轻压扁，围在衣领处，再用尖头镊子制作出毛茸茸的纹理。

57 用白色小长条粘在衣领两边，将披风牢系在少年肩头。

· 制作头发

58 取适量黑色黏土揉成半圆球与脸部连接，把接缝处压平。再用细节针压出头发的纹理。

59 取两等份的肤色黏土捏成半圆，贴在脸颊两边做耳朵。再用小丸棒压出耳窝，用硅胶软头笔压出外耳轮。

60 取黑色黏土揉成球体后擀成薄片，再将薄片按到泡沫球上，形成一个圆形的凹槽。

61 将圆形凹槽放在人物头顶，调整大小，再将后脑勺那一块剪平。

62 用细节针压出头发的纹理，再用抹刀工具加强一下细纹理。

63 取黑色黏土用压泥板搓成长水滴形，压扁后对半切开。将薄片分别粘在两侧，再用针形木质工具压出头发纹理。

64 取适量的黑色黏土用压泥板搓成梭形，压扁后用小剪刀在末端剪出发梢，用手摆出头发的走向。

65 取少量咖啡色黏土搓成球体，粘在后脑勺的中间。再用针形木质工具压出凹槽，将之前捏好的头发粘上。

66 取少量黑色黏土做一小缕头发，粘在马尾侧边，添加发量，丰富发型。

67 取适量的黑色黏土用压泥板搓出几个大小不一的长棱形，轻轻压扁，粘在额头处作为刘海，粘的时候要注意层次。

68 用第 67 步中的方法做几条黑色细长条，粘在刘海两侧，摆出发丝造型，丰富发型。

69 取咖啡色黏土用压泥板搓成长水滴形后压扁，用长刀片将薄片对半切开。将薄片粘在头绳处作为发带，用针形木质工具摆出发带飘动的形态后，再用纸巾定型。

70 将之前做好的笛子放在手部。

第四章
清平调

清平调

唐·李白

云想衣裳花想容，春风拂槛露华浓。

若非群玉山头见，会向瑶台月下逢。

配色方案

| 白色 | 黄色 | 大红 | 黑色 |

制作重点

基础知识点：正比人物"神态"的精细绘制。
人物制作要点：人物头身动态展示。
古风元素的应用：古风特色发型；牡丹花配饰。

所用工具与材料

黏土塑形及辅助工具与材料：

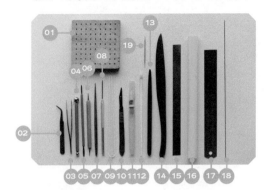

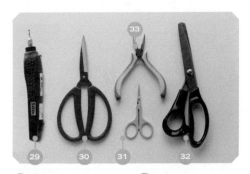

01 木质插板	11 水笔	
02 弯头镊子	12 硅胶软头笔	
03 尖头镊子	13 针形木质工具	
04 丸棒	14 刀形木质工具	
05 抹刀	15 长刀片	
06 小丸棒	16 圆杆	
07 棒针	17 尺子	
08 细节针	18 铁丝	
09 亚克力面塑工具	19 牙签	
10 小刀		

20 硅胶模具	23 压泥板	26 喷水壶
21 金色铝线	24 亚克力板	27 401 胶水
22 木块底座	25 脱模膏	28 白乳胶

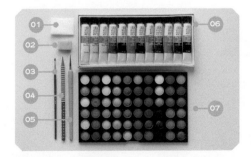

29 钻孔工具	31 小剪刀
30 大剪刀	32 花边剪
	33 小钳子

上色工具与材料：

01 纸巾	04 铅笔	06 丙烯颜料
02 橡皮	05 小号勾线笔	07 眼影盘
03 中号勾线笔		

其他工具：

01 泡沫晾干台

02 凹槽泡沫晾干台

4.1 制作配件：牡丹

  李时珍在《本草纲目》上记载"牡丹虽结籽而根上生苗，故谓'牡'（意谓可无性繁殖），其花红故谓'丹'。"

  牡丹花备受人们喜爱和尊崇，有诗曰："庭前芍药妖无格，池上芙蕖净少情。唯有牡丹真国色，花开时节动京城。"。

· 制作花蕊

01 取少量黄色黏土揉成球体，将球体粘在牙签顶部，再用手搓成水滴形。

02 用尖头镊子夹住黏土向上拉，再用细节针按压，丰富花蕊细节。

· 制作花瓣

   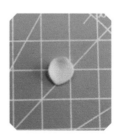

03 取少量白色半透树脂黏土放在手掌，用手搓成水滴形，再用针形木质工具压成薄片。

04 用花边剪将薄片顶部剪出凹凸形状，然后放在泡沫板上用针形木质工具按压形成凹槽，再粘在花蕊边缘处。

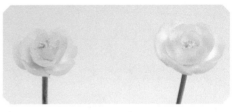

05 用第 4 步的方法做出大小不一的花瓣，按照层次粘在花蕊边缘，花瓣由里层至外层逐渐变大。

06 用干燥的小号勾线笔点少量粉色眼影涂在花瓣上，注意涂的层次，由里向外涂，颜色由里向外逐渐变浅。

4.2 制作配件：金簪

簪，古人用来插定发髻或连冠于发的一种长针，是女子插髻的首饰。

我们从古代画卷中可看到众多妇女插戴花簪的形象。

· 长条变簪

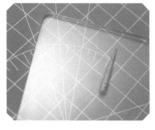  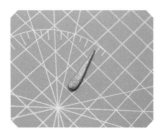

01 取少量金色黏土，用压泥板搓成长水滴形后压扁。

02 将压扁的长水滴摆出弯
曲的造型。

· 模具压簪花

03 取金色黏土用硅胶模具做出花朵，粘在发簪末端。用细节针加深花朵的纹理。

用硅胶模具还可制作其他样式：

此人物收扮有其独有特征，如花
钿、蝴蝶唇妆、面靥、抛家髻、飞仙髻等。
体现了其高贵气质，再以牡丹做
素材搭配飘逸的服装，来衬托出人物
的不凡。

头 3cm

上半身 4cm

· 制作身体

01 取适量肤色黏土揉成球体，将球体一侧轻轻压扁。

02 用针形木质工具将球体上半部分压出脖子的形状，再用手将黏土表面捏平滑。

03 用手掌将脖颈至胸口位置稍稍压扁，再将脖子搓得略微细长。

04 用针形木质工具压出胸部的起伏，再压出胸部两侧的手臂。

05 用针形木质工具先在肩颈处压出锁骨的凹槽，再用针形木质工具从胸口向上推出锁骨的起伏。

06 压锁骨的时候注意工具的走向，先找到左右锁骨的中心点，再将针形木质工具侧向左右两侧压出脖子下方的锁骨。

07 用针形木质工具在人物的背部压出脊椎的凹痕。

08 用棒针在胸部的中间位置压一下，做出左右胸型，再用手将生硬的痕迹抹平滑，可以适当用棒针向上推挤，让胸型更美。

09 用棒针加强手臂的凹痕，再用大剪刀将手臂与胸腔剪开，用亚克力面塑工具处理腋下的剪痕。

脖颈处的美型处理：

脖颈的外形要细长，重点需要压出锁骨、胸锁乳突肌，且锁骨需明显一些。

· 在成熟脸上绘制五官（成熟脸制作方法见 17 页）

这次制作的人物是气场很强的成熟女性，制作的脸型瘦长且嘴型闭合，面部表情严肃，绘制眼睛时勾画上挑的细长凤眼。

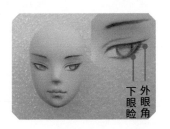

下眼睑　外眼角

11 用小号勾线笔蘸熟赭色丙烯颜料勾出眼睛和眉毛的轮廓，再用熟赭色丙烯颜料画出眼睛的底色。

10 黏土干透后用铅笔轻轻画上五官的轮廓。

12 用熟赭色丙烯颜料画出瞳孔。

13 用土黄色丙烯颜料填充眼珠的下半部分。

14 用黑色丙烯颜料加深眼睛和眉毛的轮廓。

15 用红色丙烯颜料在额头上画出花钿，再画出蝴蝶唇妆。

16 用白色丙烯颜料将眼睛点上高光。

17 用干燥的中号勾线笔点上粉红色的眼影将脸颊涂上腮红。

妆容勾画要点：

　　唐妆雍容华美，所以勾画这位女性妆容时颜色要浓些。为表现人物的清冷、高贵，笔者选择细长的凤眼，唇妆用红色丙烯颜料勾画唐朝经典的蝴蝶唇妆，并且勾画了花钿和面靥。

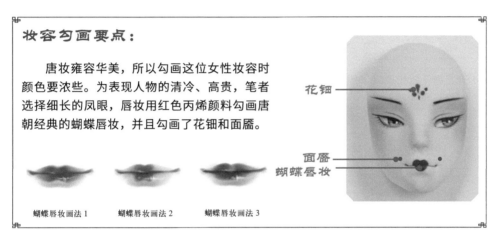

花钿

面靥
蝴蝶唇妆

蝴蝶唇妆画法 1　　蝴蝶唇妆画法 2　　蝴蝶唇妆画法 3

· 制作头部

18 取适量肤色黏土揉成半球形与脸部粘在一起作为后脑勺，再取两小块肤色黏土捏成如图形状粘在脸部两侧作为耳朵。

19 用小丸棒在耳朵三分之二处压出凹槽，再用硅胶软头笔沿着耳朵的边缘压出外耳轮。

20 用小丸棒在耳朵下半部分压出小凹槽。

21 确定脖子的长度后，用小刀将多余部分黏土切掉，用铁丝将身体和头部连接在一起。

22 在脖子连接处用较湿的肤色黏土将缝隙填满，再用抹刀工具将多余的黏土去掉，用水笔将痕迹磨平。

23 头部与脖子连接后，可以用中号勾线笔点上粉红色眼影加强腮红和眼影的颜色深度，并在脖颈、锁骨区域涂上浅浅的一层眼影。

24 取少量红色黏土揉成长条状，用手拿住红色黏土将人物底部粘在红色黏土上，检查接缝处是否连接紧密。

25 取少量黑色黏土用压泥板搓成长梭形，然后压成薄片。用抹刀工具将黏土平均地分为两半。

26 将薄片摆出弧度，作为鬓角粘在脸颊两侧，再用棒针将鬓角上半部分压平。

27 用第25步的方法将黑色黏土压成一个梭形薄片，再用刀形木质工具压出头发的纹理。

28 用铅笔确定好美人尖的位置，然后将做好的梭形薄片从美人尖向后粘上，再用抹刀工具将美人尖部分抹平。

29 以美人尖的中心向两侧粘发片，两侧发片向上收，后面多余的部分用大剪刀剪掉。

30 继续往两侧粘头发，发际线需粘出 M 形，到鬓角位置收尾。

31 再用黑色黏土搓出几条细长条，沿着头发走向再粘一层，丰富头发的层次，多余部分黏土用剪刀剪掉。

32 取黑色黏土揉成椭圆形再压扁，粘在后脑勺处。

33 用细节针压出头发走向，最后用抹刀工具加强头发细节。

34 用丸棒在头顶处压出凹槽。

35 取黑色黏土用压泥板搓成长水滴形，再压扁，但要保留一定厚度，将长水滴形黏土微微弯曲一个弧度。

36 用棒针压出头发走向。

37 用细节针在发梢末端压出凹痕，再用抹刀工具加强头发的细节纹理。

38 取少量黑色黏土搓成球体，粘在头顶凹槽内，再用丸棒将球体压出凹槽。

39 用细节针将头顶的黏土表面压出凹痕，再用抹刀加强头发的细节纹理，最后将水滴形发髻粘到凹槽内。

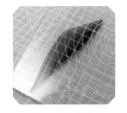
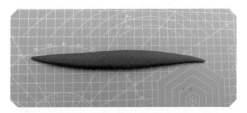

40 取适量红色黏土搓成球体,用压泥板将球体搓成长梭形。

41 将长梭形压扁,但要保留一定厚度,再用棒针压出布料上的褶皱。

42 用刀形木质工具再细化布料上的褶皱。

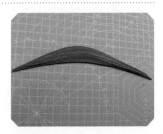

43 用长刀片在黏土中间按压,将其平均分成两半,再摆出一定弧度。

44 将做好的黏土围在人物肩上,并在接口处摆出扭动造型。

45 用针形木质工具在黏土片边缘位置压出一定弧度，不断调整弧度造型。

46 用相同同样方法将另一半黏土布条从侧边再围一圈。

47 在脸颊两侧用红色丙烯颜料点上面靥！用钻孔工具在底座中间打出一个可以插铁丝的小孔，将人偶固定在底座上。

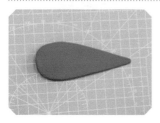

48 取红色黏土揉成水滴形，再压扁，用棒针压出皱褶。

49 用棒针将水滴形黏土边缘压出弧度，同时将黏土厚度压薄，用大剪刀将黏土片平均分成两半。

50 用白乳胶将刚才做好的黏土片与人物连接在一起，摆出形状，用纸巾定型，干燥后再将纸巾取下。

· 佩戴首饰

51 取小量金色黏土填充在压花模具里制作花朵，取出后借助抹刀粘在飘带打结的位置。

52 准备少量金色的花片和链条，用金色铝线将其组合起来作为头饰。

53 取一小节金色链条和金色铝线组合成耳环。

54 将耳环对准耳垂部分慢慢插进去,固定在耳垂上。

55 把之前做好的牡丹花用 401 胶水粘在人物的头上和胸前作为装饰!

56 制作一个金色簪子插在头顶。

第五章

怀归

怀归

明·张含

九龙池上有高台，池下芙蓉台上开。

锦鲤不妨仙客跨，白鸥须望主人回。

青山绿树孤猿啸，黑水黄云一雁哀。

戎马西南经百战，夕阳铜柱锁苍苔。

配色方案

白色　　浅粉红色　　浅蓝色　　浅绿色

基础知识点：黏土画的制作。

人物制作要点：正比全身人物的比例掌握；水中身姿状态的呈现；飘逸发型的呈现；精致妆容的表现。

古风元素的应用：荷塘场景；古风服饰襦裙；锦鲤元素的应用。

其他：滴胶等辅助材料的使用。

所用工具与材料

黏土塑形及辅助工具与材料：

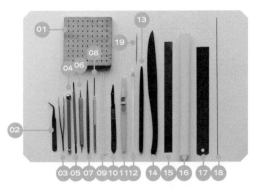

20 荷叶模具	24 硅胶模具	28 502 胶水
21 荷花模具	25 压泥板	29 白乳胶
22 脱模膏	26 亚克力板	30 各种尺寸
23 蓝色闪片	27 喷水壶	的正圆钢圈
		31 压花器

01 木质插板	11 水笔
02 弯头镊子	12 硅胶软头笔
03 尖头镊子	13 针形木质工具
04 丸棒	14 刀形木质工具
05 抹刀	15 长刀片
06 小丸棒	16 圆杆
07 棒针	17 尺子
08 细节针	18 铁丝
09 亚克力面塑工具	19 牙签
10 小刀	

32 大剪刀	33 小剪刀	34 毛刷
		35 小钳子

其他工具：

01 B 胶	04 量杯	07 泡沫晾干台
02 A 胶	05 木框	08 凹槽泡沫晾干台
03 木棒	06 痱子粉	

上色工具与材料：

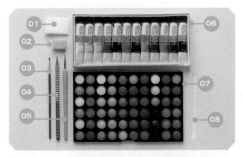

01 纸巾	04 铅笔	06 丙烯颜料
02 橡皮	05 小号勾线笔	07 眼影盘
03 中号勾线笔		08 吸管

5.1 制作配件：荷花

在文学上，经常以荷花比拟人的高尚品格，也因此多出现于古风作品中。

· 制作花瓣

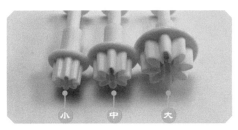

小　中　大

01 取半透树脂黏土用圆杆擀成薄片，用大中小三种型号的压花器压出大小不一的花瓣。

小

大

02 取大片花瓣放海绵上，再将小尺寸花瓣叠在大花瓣上，用丸棒在花瓣叠加的中间位置向下压。

95

· 制作花蕊

03 待花瓣干透后，在花中间点上白乳胶，取少量黄色黏土揉成球体，粘在花心中间。

04 再用小丸棒将球体压出凹槽。

05 用尖头镊子夹住黄色黏土向上拉，再用细节针按压做出花蕊。

· 花瓣上色

06 用干燥的小号勾线笔点少量粉色眼影，涂在花瓣上。注意涂的层次由里往外，颜色里深外浅。

· 准备材料

01 准备适量的半透明树脂黏土，再取适量绿色、黄色超轻黏土，将三块黏土混合成翠绿色，再准备好荷叶模具、痱子粉和毛刷。

· 制作大荷叶

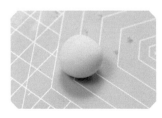  

02 取事先调好颜色的黏土揉成球体，用圆杆擀成不规则的椭圆薄片。

03 用毛刷将痱子粉均匀涂抹在荷叶模具上，再将椭圆薄片放在模具中间，用手按压。

04 拿出压好纹理的荷叶，用针形木质工具作为辅助将荷叶边缘压出弧形。

· 荷叶上色

05 用干燥的中号勾线笔点少量绿色眼影涂在荷叶中间，注意涂的层次应由里向外，颜色里深外浅。

· 制作其他荷叶

06 准备好各种尺寸的正圆钢圈，将黏土擀成薄片后压出大小不一的圆片。

07 取大块的圆片儿，用剪刀在边缘处剪出三角形缺口。

因锦鲤斑斓夺目的外观和悠然的体态充分迎合了大众"锦绣富贵"的美好意愿，所以自古以来锦鲤都是人们喜爱的元素。

头 2.8cm

上半身 4cm

下半身 18cm

· 可爱脸的五官绘制（可爱脸制作方法见 19 页）

01 取少量白色黏土，用抹刀工具将其塞在嘴巴中间缝隙。

02 将缝隙中的白色黏土填平。

03 在干透的脸上用铅笔勾画出眼睛的轮廓。

04 先用白色丙烯颜料填充眼白部分。

05 拿中号勾线笔用熟赭丙烯颜料勾出眼睛轮廓。

06 用酞菁绿色丙烯颜料画出瞳孔底色。

07 用加深的酞菁绿色丙烯颜料，画出瞳孔。

08 用黑色丙烯颜料加深眼睛的轮廓。

09 再用白色丙烯颜料点上眼睛的高光。

10 用大红色丙烯颜料将嘴唇上色。

11 用干燥的勾线笔点少量粉色眼影，作为腮红涂脸颊两边。

· 制作身体

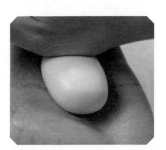

12 取适量肤色黏土揉成长椭圆形，将黏土放在手心，用手掌侧面在长椭圆形顶端和底端轻轻下压。

13 用针形木质工具沿着黏土顶端向上推，推出脖子部分。

14 用手将脖子捏细捏长。

15 用手将双肩处按平，再将腰间部分捏细。

16 继续用针形木质工具推出胸部的起伏，用手将屁股两侧按出一个斜面。

17 用手继续将腰部捏细，摆出身体的动态。

18 用针形木质工具压出锁骨部分，先在肩膀上压出凹痕，再用针形木质工具在压痕处继续下压，使锁骨凸出。

19 用针形木质工具压出脖子处的胸锁乳突肌和锁骨起伏，注意工具的走向和锁骨的起伏，此步骤并不能一步到位，要用针形木质工具加强细节。

20 用针形木质工具将肩膀处向上推，将肩膀的形状调整出来。

21 用棒针在胸部中间压一下，做出胸型，在用手将生硬的地方抹平，使胸部看起来圆滑。

22 用棒针将身体躯干的各个部分进行细节处理，将生硬的地方用手进行调整使之看起来更圆滑。

23 用棒针压出肚脐。

躯干的动态：

　　躯干衔接鱼尾时，为了使鱼尾灵活好看，需要有一个方向摆动，这就需要躯干与鱼尾保持一致的扭动。

　　作者设定鱼尾向右侧摆动，那躯干由右向左转一个角度，右侧腰线向前转，左侧腰线向后转。

· 制作尾巴

24 取适量白色黏土用压泥板搓成长水滴形。

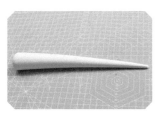

25 再用压泥板将长水滴形压扁，长水滴形中间部分要留有一定厚度。

26 用大剪刀将长水滴形末端剪出一个三角形。

27 将尾巴和身体用白乳胶连接在一起，放入木框中摆出尾巴的摆动形状。

鱼尾鳞片制作方法：

鳞片为半圆形，制作鳞片时只需找合适大小的圆形工具即可，如笔盖、吸管等，笔者使用的便是吸管。将吸管侧握置于鱼尾上，向下轻压出半圆压痕。

28 取适量白色黏土用压泥板搓成水滴形再压扁，用棒针由尖端向末端以扇形方式压出纹理。

29 将水滴形黏土末端包在棒针上，用手将黏土边缘调整出波浪状，末端黏土做出波浪状后会变薄，这样锦鲤的尾鳍大致成形了。

30 用刀形木质工具加强顶端皱褶，用大剪刀将尾鳍平均剪开分为两半。

31 将尾鳍摆出向内弯曲的弧度，再用以上同样方法多做两份尺寸小一点的尾鳍。

鱼尾组合与定型：

　　鱼尾有大、中、小三对鱼鳍组合而成，组合时按照由大到小按顺序叠加。叠加时调整鱼鳍的外形，确定外形后用纸巾垫底固定外形，等其自然风干之后鱼尾就定型了。

　　选择纸巾垫底的原因，一是纸巾柔软不会给黏土留下痕迹；二是纸巾可随意揉搓各种形状，可塑性很强。

32 尾巴和尾鳍干透后用干燥的毛刷点上粉色眼影涂抹在尾巴和尾鳍上，注意粉色眼影的层次，由深到浅的渐变。

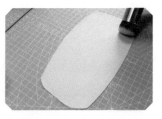

33 取适量粉色黏土用圆杆擀成薄片，用毛刷在薄片表面刷上痱子粉防止粘连。

34 借助铁丝将薄片挑起，再用手折叠，依次向前推进平均压出皱褶。

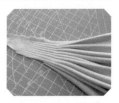

35 用圆杆将皱褶端擀平，再用刀形木质工具加强裙子的皱褶纹理。

36 将褶皱片粘在人物身上，齐胸粘贴将多余的部分剪掉。

37 用抹刀工具加强皱褶，再用针形木质工具将裙子末端向上擀平、压实。

38 用以上同样的方法多做两片裙摆，粘在人物身上。用手摆出裙摆的动态后可以用纸巾定型。

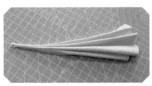

39 有空隙的地方可以用以上方法再多做一些小裙摆粘在空隙处。

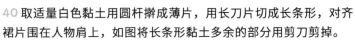

40 取适量白色黏土用圆杆擀成薄片，用长刀片切成长条形，对齐裙片围在人物肩上，如图将长条形黏土多余的部分用剪刀剪掉。

41 取适量粉色黏土用圆杆擀成薄片，用长刀片切成细长条，沿着白色黏土边缘粘在人物身上。

42 将白色黏土切成长条形，将薄片围在人物的胸围上，多余的部分用剪刀剪掉，再切一些粉色长条装饰在白色薄片上。

43 取适量白色黏土用压泥板搓成如图形状，再用压泥板将其压扁，中间部分要留有一定的厚度，作为袖子。

44 白色黏土粗的一端作为袖口，用指尖将袖口推平，再捏出袖口的形状。

45 用针形木质工具向下压出袖子的凹槽，在压袖口凹槽时用针形木质工具的尖头方向。

46 用针形木质工具的圆头在袖口压出凹槽用来安装人物的手，再用棒针压出袖子的褶皱。

47 用针形木质工具压出袖子大褶皱的走向，再用细节针加强褶皱细节。

48 用棒针依据袖子各部分形态走向压一些细小褶皱。

袖子方向的区分：

　　左右袖子的制作方法是一致的，只是在压痕之前要先依据左右方向确定手肘的弯曲方向即可。

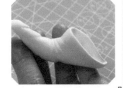

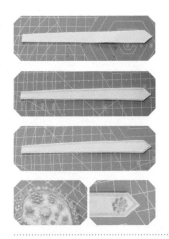

49 取适量白色黏土用圆杆擀成薄片，用长刀片切成如图形状，再将粉色长条和粉色小花作为装饰粘在白色黏土上，将做好的白色长条粘在人物的胸前摆出形状。

50 再制作粉色长条和粉色小花做装饰粘贴在人物胸前，用小丸棒在小白球上压出小凹槽，再用抹刀工具将花朵的细节加强。

· 制作双手

51 取适量肉色黏土，用压泥板搓成一端细一端粗的圆形长条，再将细端压扁，并用抹刀工具压出手指的间距。

52 用剪刀根据之前定好的间距剪出四个手指，将指尖处搓圆搓长，再用针形木质工具压出手指关节的起伏，用中号勾线笔蘸脱模膏将指尖缝隙进行处理。

53 用针形木质工具在掌心处压出凹槽，再用棒针压出手掌。

54 用手指将手腕处搓细，再用棒针加强手腕处的细节。

55 借助中号勾线笔和手压出手指的弯曲，制作出手的动态。取少量肉色黏土搓成水滴形作为大拇指，粘在手掌的大拇指处。

 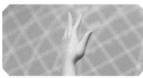 

56 用棒针将接缝处压平，用纸巾把接缝抹去，用相同方法把另一只手做出来。

57 测量好手的长度，用大剪刀剪掉多余部分，用白乳胶将手和袖子连接起来。

· 制作头发

58 取适量白色黏土用压泥板搓成如图形状，再用压泥板将其轻轻压扁，中间要保留一定厚度。

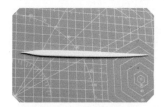

59 用长刀片在白色薄片上压出头发的纹理。

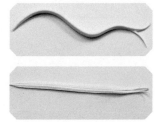

60 在发尖处用大剪刀剪一个分叉，再摆出发丝飘逸的动态。

第一，粘发片时由美人尖的位置开始粘，粘到后脑勺后向左右两侧分开。

第二，我们要制作的是水中发丝飘动效果，水的浮力会使发尾向上飘动。

第三，发丝飘动方向为：头顶到后脑勺再到肩膀区域的发丝服帖在头颈肩处；由肩膀至发尾这段区域的发丝呈现波浪起伏，发丝起伏的最高点在后腰向上的抛物线上。

最高点　抛物线方向

61 用以上相同方法做出大小不一的发丝，从里向外粘在头顶上。

62 摆出发丝的飘逸的动态，为了防止发丝粘连可以用纸巾隔开定型。

彼泽之陂，有蒲与荷。有美一人，伤如之何？
寤寐无为，涕泗滂沱。

彼泽之陂，有蒲与。有美一人，硕大且卷。
寤寐无为，中心。

彼泽之陂，有蒲菡苕。有美一人，硕大且俨。
寤寐无为，辗转伏枕。

· 画框底衬

01 取适量浅蓝色黏土用圆杆擀成薄片，取一张白纸裁出画框的尺寸，按照白纸尺寸将黏土薄片多余部分裁掉。

02 在画框里均匀涂抹上白乳胶，再将裁剪好的蓝色黏土片粘在画框里，在黏土上撒上浅蓝色闪粉。

滴胶的配比：

准备好 500ml 量杯、搅拌棒

1. 滴胶比例为 3：1，A：B=30：10。先往量杯内倒入 150 毫升 A 胶，再倒入 50 毫升 B 胶。

2. 用搅拌棒沿着量杯壁向一个方向不断地搅拌均匀，1 秒 2 圈左右，搅拌 3 至 8 分钟，直到在上面看不见里面有丝状物，从侧面看里面螺旋形状消失为止，代表搅拌均匀。

3. 静置几分钟，直到气泡消失。

4. 将滴胶直接倒入容器使用即可。

A 胶　B 胶

200
150

B 胶 50
A 胶 150

03 把美人鱼放上去摆好位置，然后把调配好的滴胶避开人物的衣服均匀向下倒。大概等24小时左右，滴胶完全变硬！（气温越低干得越慢，气温越高，干得越快，如果超过两天还不固化就是滴胶配制比例有问题，需要重新制作。）

滴胶制作荷塘的要点：

第一，滴胶分两次倒入画框内，倒入第一次滴胶时注意分量不要太多；第二遍倒入滴胶时要待前一次的滴胶完全变硬，这样闪粉才能固定在底层。

第二，倒滴胶时要重点关注鱼尾与尾鳍，将滴胶倒至鱼尾与尾鳍之上，使其衔接固定。

04 将之前做好的荷花和荷叶组合起来，用 502 胶水固定。在第二遍滴胶没有完全干透稍有黏性的情况下，将荷花、荷叶放上去就马上会粘住。

115

第六章

彼岸花开

彼岸花开开彼岸

无名氏

彼岸花开开彼岸，花开叶落永不见。

因果注定一生死，三生石上前生缘。

花叶生生两相错，奈何桥上等千年。

孟婆一碗汤入腹，三途河畔忘情难。

配色方案

白色	黄色	浅绿色	黑色

制作重点

基础知识点：与场景相融合的正比人物作品的设计。
人物制作要点：坐姿人物的制作、完整正比人物的制作。
古风元素的应用：广袖汉服；古风发型。
其他：彼岸花的制作、滴胶底座的制作。

所用工具与材料

黏土塑形及辅助工具与材料：

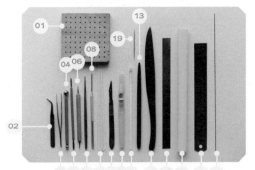

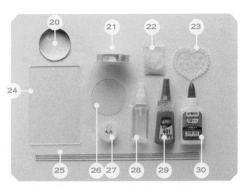

01 木质插板	11 水笔
02 弯头镊子	12 硅胶软头笔
03 尖头镊子	13 针形木质工具
04 丸棒	14 刀形木质工具
05 抹刀	15 长刀片
06 小丸棒	16 圆杆
07 棒针	17 尺子
08 细节针	18 铁丝
09 亚克力面塑工具	19 牙签
10 小刀	

20 正圆钢圈	24 压泥板	28 喷水壶
21 银色铝线	25 铁丝	29 401 胶水
22 米珠	26 亚克力板	30 白乳胶
23 硅胶模具	27 脱模膏	

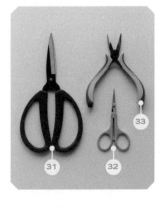

31 大剪刀
32 小剪刀
33 小钳子

上色工具与材料：

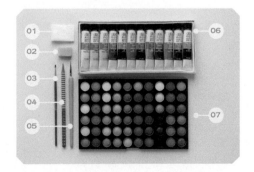

01 纸巾	04 铅笔	06 丙烯颜料
02 橡皮	05 小号勾线笔	07 眼影盘
03 中号勾线笔		

滴胶相关工具与材料：

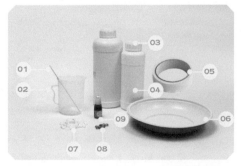

01 搅棒	04 B 胶	07 白色石头
02 量杯	05 纸胶带	08 绿色石头
03 A 胶	06 托盘	09 绿色色精

6.1 场景搭建：滴胶底座

滴胶底座需制作出一池清水的效果，所以不仅需要准备滴胶和托盘，还需准备石子、绿色色精。

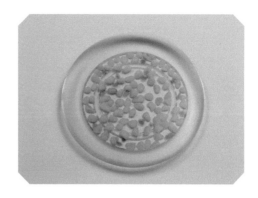

制作方法：

01 将白色和绿色的石头放在准备好的托盘中，托盘的材质一定要是塑料的，不然滴胶干透后不易取出。按照 A 胶与 B 胶 3∶1 的比例调配好 200 毫升滴胶，在滴胶里倒入几滴绿色色精。

02 用搅拌棒沿着量杯壁往一个方向不断搅拌直至搅拌均匀，然后将滴胶慢慢地倒入托盘内。

03 动作要慢，倒滴胶的过程中小石子可能会移位。将滴胶倒完后，可以用牙签调整石子的位置，等待 24 小时左右，滴胶完全干透后可以将其从托盘中取出。

· 制作花蕊

01 准备6根银色铝线，按照长度等分为6份，每份有6小根，长度为4到5厘米。

02 每份铝线用少量浅绿色黏土包裹在三分之二处，如上图所示。

· 制作花瓣

03 取少量白色黏土置于手掌中揉成球体，再放垫板上搓成长梭形。

04 用压泥板将长梭形压扁，再用铁丝在黏土中间压出凹痕，花瓣就制作好了。

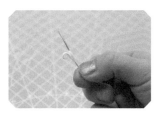

05 将做好的花瓣粘在事先准备好的铝线上，用手将花瓣摆出如图的弧度。

06 用以上方法依次在铝线上粘五片花瓣，做好若干朵花后，将做好的花插在木质插板上晾干备用。

07 取少量浅绿色黏土将花朵下面的铝线包住，并将黏土搓细。

· 组合花朵

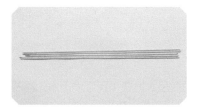

08 取一根1.5mm粗的铁丝，在上面均匀地涂上白乳胶，取适量浅绿色黏土包裹在铁丝上，先将黏土在铁丝上均匀地搓开，再用压泥板将黏土搓光滑。

09 将之前做好的花朵下面的一截铝丝掰成90度，涂上白乳胶与铁丝一头粘在一起。

10 将六朵花朵均匀地粘在铁丝顶端，再取少量浅绿色黏土揉成球体，粘在花朵中心位置，用小丸棒在球体中间压出凹槽。

11 用水笔在花秆上涂上水，再将少量浅绿色黏土包裹在花朵与铁丝的连接处，并用手将浅绿色黏土抹平。

12 用干燥的小号勾线笔点上黄色眼影涂在花蕊中间，注意颜色从里到外由深到浅的渐变。

· 制作花蕊

13 将铝线摆出向上的弧度，再将每根铝线平均地摆开，如上图所示。

14 在铝线顶端涂上少量的 401 胶水，准备好若干个 0.1 毫米的绿色米珠，用弯头镊子夹住米珠粘在铝线顶端，每根铝线顶端配一个米珠。

相传，守护彼岸花的是花妖曼珠和叶妖沙华。虽然他们守护彼岸花几千年，但是彼此从未见过面，因为花开时叶落，花落时叶生，所以花叶生生相错。

终有一次，想念彼此的曼珠和沙华违反规定偷偷见面，那一年的彼岸花开得格外妖艳。

身体数据：头部 2.6cm，上半身 4.5cm，下半身 18.5cm。

·常规脸的五官绘制（常规脸制作方法见 15 页）

01 在干透的黏土上用铅笔轻轻勾画出眼睛的轮廓。

02 拿中号勾线笔蘸熟赭丙烯颜料勾出眼睛轮廓。

03 用青莲色丙烯颜料勾画出瞳孔的底色。

04 加深青莲色丙烯颜料的颜色，勾画出瞳孔。

05 用黑色丙烯颜料加深眼线和睫毛的颜色。

06 用白色和黑色丙烯颜料调出灰色，在眼球上半部分画出眼皮的投影。

07 用红色丙烯颜料给嘴唇上色。

08 用红色丙烯颜料画出眉间的红点，并在下唇点上白色高光。

09 用白色丙烯颜料点上眼睛的高光，用干燥的勾线笔沾粉色色粉画上腮红、眼影。

10 取适量肤色黏土揉成长椭圆形，放置手心用手掌挤压黏土顶端。

11 用针形木质工具沿着压扁的顶端向上推出脖子，用手继续将脖子捏细捏长，并将肩膀调整出来。

12 继续用针形木质工具推出胸部的起伏，用双手将双肩处按平，再将腰的部分捏细。

13 用手继续调整躯干各部位的细节，如脖颈、后背、臀部，使黏土外形更圆滑。

14 用针形木质工具将捏得不到位的地方再压一遍，重点是胸腔、肩膀，调整人物躯干形态。

15 用针形木质工具压出锁骨部分，注意工具的走向和锁骨的起伏。

16 用针形木质工具再压出脖子处的胸锁乳突肌，注意工具的走向和锁骨的起伏，此步骤并不能一步到位，要多用针形木质工具加强细节。

17 用棒针在胸部中间压出左右胸型，并用手将黏土生硬的地方抹平，使胸部看上去更加圆滑。

18 用针形木质工具压出肚脐，躯干制作不到位的地方还可以用工具进行加强。

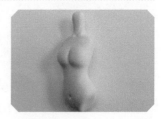

19 将身体稍微调整一个旋转方向，腰线以上向右转，腰线以下向左转。

20 取两份等量的肤色黏土，用压泥板将其中一份搓成如图形状。

 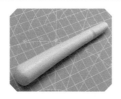  

21 用针形木质工具在黏土细的那端压出脚底的长度，再用手以压痕为准将脚弯曲，此时脚跟、脚窝、脚背的基础形状便出来了。

22 用手将脚掌部分搓长，脚尖处捏出三角形，脚的整体基础形状就捏好了。

23 用手将脚踝处捏细，再用手掌将小腿来回搓细，用针形木质工具在脚踝两侧按压。

24 用大拇指顺着小腿的方向轻轻调整小腿的粗细，确定脚窝位置，先捏住膝盖窝两侧，再用另一只手的大拇指压出膝盖窝，区分出大腿和小腿。

25 继续用手调整脚踝和脚底处的细节。

26 将脚背向上捏出一定的厚度，用手指捏住膝盖两侧，另一只手的食指压住膝盖下侧将腿稍微弯曲，不断调整大腿和小腿的形状。

27 用大剪刀由大腿内侧斜着向上剪出一个斜度，再调整大腿形状。

28 用针形木质工具在脚踝外侧压出凹槽，确定踝骨位置。

29 再将针形木质工具换个方向压出脚踝的起伏变化，并将压痕处调整光滑，自然过渡。

30 在膝盖窝的两侧用针形木质工具压出两个凹槽。

  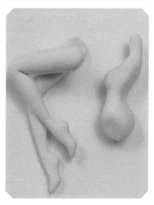

31 用针形木质工具在大腿顶端压出凹槽，做出臀部线条，将腿部与躯干进行比较，确定比例合适。

双腿与躯干的捏制要点：

1. 双腿与身体的长度比例，以右图为参考，捏制过程中可将躯干与双腿长度进行对比。

2. 捏制双腿时需强调膝盖、膝盖窝、脚踝、臀部的外形。

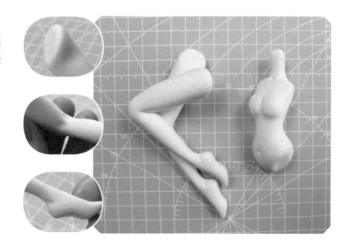

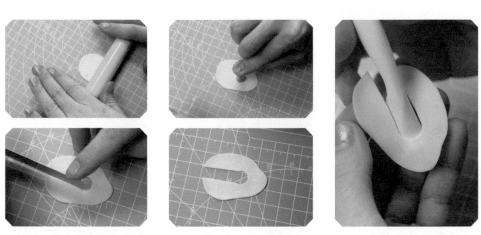

32 取白色半透树脂黏土混少量绿色黏土，用圆杆将黏土擀成薄片。用正圆钢圈压出一个圆形，再用长刀片将两边切成如上图形状，以圆弧开口对齐脚背粘在脚上。

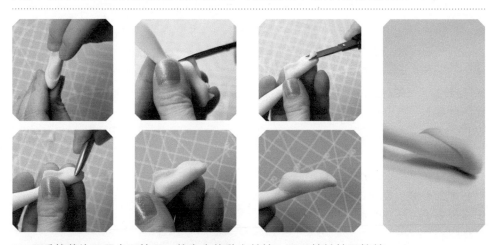

33 用手将薄片四周向下拉平，将多余的黏土剪掉，再用棒针抹平接缝。

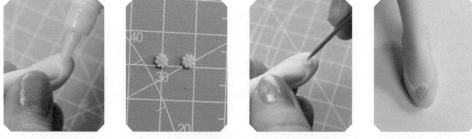

34 在鞋面中间涂上少量白乳胶，再用硅胶模具压出两朵浅绿色花朵作为装饰粘在鞋面上。

· 衔接躯干和腿部

35 取少量稍湿的肤色黏土粘在大腿根部，将腿部和躯干连接在一起，尽量将缝隙填满并将多余的黏土去掉，再用水笔磨平臀部后用纸巾擦拭！

· 制作基础衣裙

36 取适量白色黏土用压泥板搓出如图形状，再轻微压扁，但要留有一定厚度。

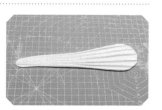

37 用棒针由顶端向末端压出裙摆的褶皱。

38 在末端用棒针将裙摆压出波浪起伏的弧度，并用手指调整弧度大小。

39 将人物固定在木质插板上，将做好的裙摆由右侧腰部向左侧倾斜包裹至双腿膝盖处，用手摆出裙摆飘逸的动态。

40 在裙摆处摆出好看的弧度，可以用纸巾固定裙摆。

41 依照上述同样的方法再制作出一片大小差不多的裙片，挨着上一片裙片粘在侧面，用手将裙摆由下穿过上一片裙摆，并摆出飘逸的动态。

42 调整裙子位置，将多余的部分用剪刀剪掉。在人物的左侧再粘一片裙片，按照从左向右的走向。（注：图中数字提示贴裙片的顺序。）

43 制作裙摆时一定要等上一片裙摆完全干燥后再开始制作下一片裙摆，这样才更好定型，切莫着急。

44 有空隙的地方可以做出不同形状的黏土将空隙填满，多余的部分可以用剪刀剪掉。

45 粘裙摆时手部用力要轻，稍微用力会把皱褶压平。

46 取适量白色黏土用圆杆擀成薄片，用长刀片切成长条形齐胸围在人物身上，并将多余部分薄片用剪刀剪掉。

47 多余的白色黏土薄片可用剪刀剪掉，或者用刀片切掉。

48 将白色黏土边缘处用水笔涂湿，再粘上浅绿色细条。

49 取适量白色黏土用圆杆擀成薄片，围在人物肩上，并将两侧捏紧。

50 将多余部分黏土用大剪刀剪掉，粘衣服时不要太用力，以防粘得太紧不方便调整。

51 用抹刀工具在衣服下摆边缘处压出皱褶。

52 取适量浅绿色黏土用圆杆擀成薄片，用长刀片切成长条形围在人物的腰间，然后将多余部分用大剪刀剪掉，再用棒针将皱褶压平。

53 再切一条长的白色细条，对齐浅绿色腰带中间位置围在腰间。

· 制作广袖

54 取适量白色黏土揉均匀后压扁，再将顶端捏成如图形状，不断调整袖摆，调整袖子外形时可以在黏土表面涂一层脱模膏保湿，延长黏土干燥时间。

55 袖口部分用针形木质工具压出凹槽。

56 用手将袖口边缘的黏土捏薄捏长，再摆出袖子飘动的形态。

57 用棒针在袖子上压出皱褶。

58 依据第一道褶皱走向向下压出第二道褶皱。手肘处褶皱可以紧凑且细小些，可换细节针压褶皱。

59 手肘到袖口这段的褶皱要少且压痕浅，手肘背面的褶皱要大且间距宽。

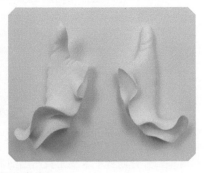

60 用同样的方法将另一只袖子做出来，注意袖子的飘动方向。

61 待袖子干燥后用铁丝和白乳胶将袖子和人物连接，粘袖子时注意手部动态。

· 丰富衣裙细节

62 取适量白色黏土用圆杆擀成薄片，用长刀片切成长条形围在人物肩上，再沿着边缘粘上浅绿色的细条作为装饰。

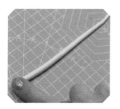

63 取适量浅绿色黏土用压泥板搓成由细到粗的长条，将粗的一端搓尖再轻轻压扁，但保留一定厚度，再用铁丝压出纹理。

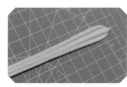
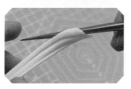
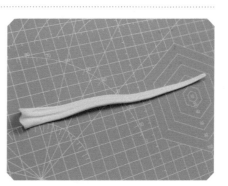

64 将尾端的皱褶进行加强，并用棒针压出弧度。

65 将飘带贴在人物的腰间，并摆出飘逸的动态。用相同的方法做出另一条飘带，挨着第一条飘带粘好。

66 取两等份浅绿色黏土，用压泥板搓成长梭形并稍稍压扁，用铁丝压出皱褶后再对折。

67 对折后在中间增加少量黏土将两个对折的小梭形组合在一起，形成蝴蝶的形状。

制作衣裙时的注意事项：

    1. 衣裙的摆动方向要一致。

    2. 衣袖和裙摆越到尾端褶皱弧度越大，且到边缘处黏土越薄。

服帖

飘动

飘动

68 取适量肉色黏土，将压泥板倾斜一个角度把黏土搓成如图形状，再将细端压扁作为手掌。

69 用抹刀工具在
手掌区压出手指的
间距。

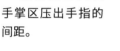 

70 用大剪刀根据定好的间距剪出四个手指，并将指尖搓圆搓长，用中号勾线笔蘸取脱模膏将指尖缝隙进行处理。

71 用棒针压出手背上指关节的起伏，再从指间向手背方向压出指关节的起伏。

72 用针形木质工具在掌心处压出凹槽，再确定手腕位置压出手掌。

73 用手指将手腕处搓细，再用棒针加强细节。

74 压痕生硬的地方可以用手指抹平使之自然过渡一下，再摆出手的形态。

75 借助中号勾线笔和手压出人物手指的弯曲，制作出手指的动态。

76 取少量肉色黏土搓成水滴形作为大拇指，并粘于手掌侧大拇指处，将接缝处压平，用纸巾将接缝抹平，用相同方法将另一只手做出来。

77 量好手的长度，用大剪刀剪掉多余部分。用白乳胶将手和袖子连接起来，摆好手的动作。

  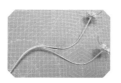 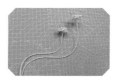

78 将之前做好的花朵，用手摆出一定的弧度组合在一起，再用纸胶带将花朵末端粘在一起。

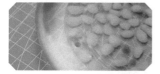
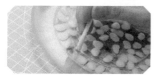

79 在底座上找到两个合适的位置，观察花枝的大小，再根据花枝大小在底座上打孔。

80 将人物安装上，并调整合适的位置。

· 制作头发

81 取适量黑色黏土用压泥板搓成如图形状，再用压泥板轻轻压扁，中间要保留一定厚度。

82 用长刀片从中间压住平均分成两半。

83 再用长刀片压出头发的纹理，在发尖处用大剪刀剪开一个分叉。

84 用手摆出发丝飘逸的动态。

85 用铅笔确定好额头的宽度，然后将做好的头发从中间向两侧粘上，摆出发丝的飘逸动态。

86 取少量黑色黏土搓成小水滴形，稍稍压扁，用剪刀将末端剪平。

87 用抹刀工具压出头发的纹理，粘在额头中间位置。

88 用相同的方法做出发丝，按照从前向后的顺序一层层粘贴，并摆出发丝飘逸的动态。

89 粘贴发丝的过程中发尾飘动的动态要用纸巾定形，粘贴到一定程度，要让前面的发丝稍微定型后再向后粘贴，切莫心急。

90 大致完成后，可将之前做好的花朵放在人物的手上用白乳胶粘住。

91 粘贴头发的时候可能会有空隙的地方，可以捏更细的发丝将有缝隙的地方盖住，再取白色黏土，搓成细长条用镊子辅助做成蝴蝶结粘在头发两侧。

92 在模具中压出浅绿色的花朵粘在蝴蝶结头饰中间，再取少量白色黏土搓成小球体点缀在花朵中间。